# 과학 용어 사전

BnBM
Crazy Arcade

글 송도수    그림 서정은
감수 **최현지**(EBS 초등 과학·수학 대표 강사)

1

서울문화사

# 머리말

중학교에 가면 갑자기 과학이 어려워져서 흥미를 잃기 쉬워, 초등학교 때부터 과학에 대한 자신감을 길러 주는 것이 중요합니다. 이는 과학 용어 학습으로부터 시작됩니다. 과학은 일상생활 속 깊이 자리 잡고 있기에 단순 검색이나 순간적인 암기 방식만으로는 학습이 힘듭니다. 특히 스토리나 맥락 속에서 스스로 호기심을 가지고 과학 용어를 학습해 나가는 환경이 절대적으로 필요합니다. 스토리텔링 만화 과학 학습서가 필요한 이유가 바로 이것입니다.

학교 현장과 EBS에서 약 20년간 초등 과학을 가르치고 연구해 온 제가 이 책을 추천하는 이유는 다음 3가지 때문입니다.

## 1. 과학 4개 영역의 필수 과학 용어가 알차게 들어가 있습니다.

과학 4개 영역(생명, 지구, 물질, 에너지)의 교과서 필수 초등 과학 용어 전부 및 중학 과학 용어 일부까지도 이 교재 속에 골고루 담겨 있습니다.

## 2. 학습이 들어가 있지만, 여전히 재미있습니다.

필수 과학 용어를 만화 스토리 속에 충분이 녹여내면서 독자들의 몰입도를 높이는 재미를 놓치지 않았습니다.

## 3. 다채로운 방법으로 용어 이해를 돕습니다.

용어 하나하나를 독자들이 충분히 소화하도록 만화 속에서 각주와 용어 풀이, 실험 등의 콘텐츠를 통해 쉽고 자세히 반복적으로 설명했습니다.

이 책을 읽다 보면 과학 용어와 원리들이 자연스럽게 이해될 것입니다. 그리고 이를 양분 삼아 독자 여러분들의 탐구력과 융합 사고력이 쑥쑥 자라게 될 겁니다.

감수 최현지(EBS 초등 과학 · 수학 대표 강사)

# 이 책의 특징

## 필수 초등 과학 용어의
## 개념과 원리를 제대로 이해하는
# 스토리텔링 과학 만화

**1** 과학 4개 영역의 초등 교과서
필수 과학 용어를 모두 수록!

과학을 녹인 재미있는 과학 만화를 읽으며
**과학에 대한 이해력 UP**

**2** 어려운 과학 용어를 만화와
콘텐츠로 쉽고 재밌게 소개!

쉽고 명확하게 풀어 낸 설명으로
**융합 사고력 UP**

**3** 교과서와 연계된
과학 실험 관찰까지 한번에!

집에서도 쉽게 할 수 있는 실험을 통해
**과학 탐구력 UP**

**4** 과학의 기초를 다져
중등 과정까지 탄탄하게 대비!

과학 용어 '찾아보기' 활용으로
**스스로 학습과 과학 자신감 UP**

# 등장 인물

마법에 걸려 3년간 화장실에서 잠들어 있었던 버블캐슬 성주.
아무 생각 없이 태평한 성격으로 무엇이든 잘 먹고
어디서든 잘 자고 어디에서든 똥도 잘 싼다.

탁월한 리더십과 정의감을 지닌 물질 전문가.
버블캐슬을 되찾을 수 있도록 배찌에게
과학을 가르치며 고생길이 열린다.

얌전한 성격의 물질 전문가. 좋아하는 다오의
말 한마디에 볼이 빨개질 정도로 수줍음이 많지만
한번 화나면 아무도 못 말린다.

잘난 척, 까칠한 성격의 지구 전문가.
불평불만으로 주위를 긴장하게 만들기도 하지만,
배찌의 엉뚱함에는 못 당해 낸다.

정반대 성격의 쌍둥이 에너지 전문가.
에띠는 책을 가장 좋아하는 책벌레 모범생이며,
럭띠는 생각보다 행동이 앞서는 천방지축 여동생이다.

트리하우스에서 살고 있는 생명 전문가.
친절한 품성으로 럭띠의 짝사랑을 한 몸에 받는다.

늘 공갈 젖꼭지를 물고 있는 어린아이.
말은 못하지만 가끔 놀라운 행동으로
모두를 놀라게 한다.

과학 실험 조교들.
브루스는 힘이 세고 과묵한 무술 마니아이며,
댕키는 소심하고 겁이 많은 성격이다.

로두마니가 보낸 킬러 로봇.
자석 흉내 내기를 좋아하며, 장래 희망은
자기력을 이용해 그림을 그리는 화가이다.

로두마니 해적단의 단장.
함정을 파 놓고, 다오 일행을 3년간
기다릴 정도로 용의주도하다.

# 차 례

**1판 1쇄 인쇄** | 2019년 10월 8일

**1판 1쇄 발행** | 2019년 10월 18일

**글** | 동암 송도수

**그림** | 서정은

**감수** | 최현지(EBS 초등 과학 · 수학 대표 강사)

**발행인** | 신상철

**편집인** | 최원영

**편집장** | 최영미

**편집** | 이은정, 강별

**표지 및 본문 디자인** | 박성진

**출판 마케팅** | 홍성현, 이동남

**제작** | 이수행, 주진만

**발행처** | 서울문화사

**등록일** | 1988. 2. 16.

**등록번호** | 제2-484

**주소** | 140-737 서울특별시 용산구 새창로 221-19

**전화** | (02)791-0754(판매) (02)799-9147(편집)

**팩스** | (02)749-4079(판매)

**출력** | 덕일인쇄사

**인쇄처** | 에스엠그린

**ISBN** 979-11-6438-133-3

일찍이 천국처럼 평화로웠으나 3년 전 로두마니 해적단의 침략을 받아…

지금은 폐허로 변해 버린 성, 〈버블캐슬〉

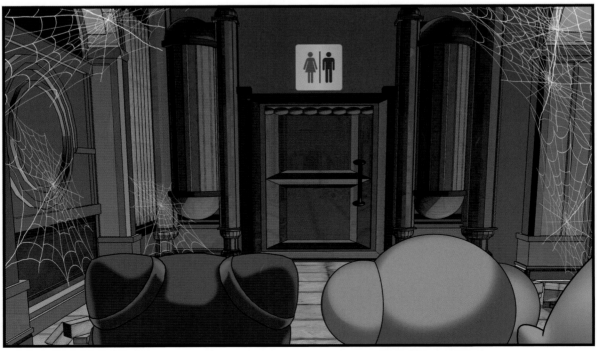

잠 깨는 데는 좋아하는 음악을 들려주는 게 최고라던데….

배찌가 좋아하는 음악이 뭐였지?

우주정복 댄스!

바로 그거야! 누가 좀 해봐.

그걸 누가 해? 창피하게….

그럼 제비뽑기하자.

제발… 내가 안 뽑히길….

제비뽑기 결과…

마리드 당첨!

# 2화 물풍선도 못 만드는 배찌

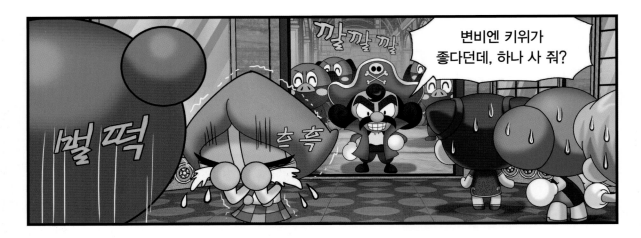

깔깔깔

변비엔 키위가 좋다던데, 하나 사 줘?

뻘떡

흑흑

마리드, 걱정 마! 너는 내가 지켜!

자다 일어나서 무슨 수로?

삐질 삐질

함정을 파 놓고 3년간 기다린 보람이 있군. 꼬맹이들, 모조리 잡아 주마!

나 역시 이 날을 기다리며 3년간 참아 왔다!

참긴 뭘 참아?

똥 누고 물을 안 내렸다는 말씀.

둑

우리의 보금자리야.
여기서 힘을 길러
로두마니를 물리치고
버블캐슬을 되찾자!

로두마니는 내게 맡겨.
녀석의 약점은 똥….

됐고~!

성주 가문에 대대로 전해
내려오는 비장의 필살기
〈드래곤 물풍선〉!

배찌 성주, 네가 그걸
만들어야 해! 로두마니를
물리칠 방법은 그것뿐이야!

변기와 똥만 있으면
되는데 왜 번거롭게….

마리드!

숨찔

첫 번째 선생님은 너다!
배찌에게 기초부터 가르쳐.

왜 내가
첫 번째야?

마리드, 사실
나 아까
완전 감동했어.

변비
아닌데….

경축! 배찌 첫수업!

변비의 고통을 딛고…
엉거주춤을 추다니….
난 죽었다 깨어나도
절대 못 췄을 거야.

결국 마리드는 친구들의 성화에
못 이겨 배찌의 첫 번째 선생님이 되었는데….

나는 지구에 대해
가르치겠어. 내가 제일
잘 아는 분야니까….

물풍선 만드는 데
웬 지구?

물풍선을 만들려면
자연의 기운과 하나가
돼야 해. 이를 위해선
지구의 자연, 즉
지구과학에 대해 먼저
알아야 하고.

뭐가 이렇게 복잡해.
똥을 만들려면 먹기만
하면 되는데….

 **과학 용어 알려 다오** **지구:** 우리가 살고 있는 천체로 타원에 가까운
둥근 모양이에요.

날씨부터 공부하자.
날씨는 덥거나 춥거나 맑거나
비가 오는 등 한 지역에서의
대기 상태를 말해.

대기가 뭔데?

대기는 지구 주위를
둘러싸고 있는 기체,
즉 거대한
공기 덩어리야.

과학 용어 알려 다오 ✦ **날씨:** '날씨'란 한 지역에서 덥거나 춥거나 맑거나
흐리거나 등 대기에서 일어나는 현상을 뜻해요.

날씨가 뭐라고?

한 지역에서의 대기 상태…?

대기는 우주에서 지구로 날아오는 해로운 자외선이나, *유성 등 온갖 해로운 것들을 막아 줘. '지구의 방패'라고도 해.

*유성: 우주에 떠돌던 먼지나 암석이 지구 중력에 끌려 들어올 때 대기와 마찰을 일으키며 불타는 현상. 별똥별이라고도 함.

대기가 없는 달의 모습을 보여 줄까?

달의 뒷면은 유성이나 자외선 등의 공격을 받아 생긴 크고 작은 구멍들로 가득해.

대기가 없었다면 지구에도 이런 흔적이 훨씬 더 많았을 거야.

반짝 반짝

나도 마리드에게 방패가 돼 줘야지!

과학 용어 알려 다오 **자외선:** 태양 광선의 한 부분으로 눈에 보이지 않으며 사람의 피부 세포를 상하게 하거나, 살균작용을 해요.

# 4화 기온 - 더운 데는 이유가 있다

아까부터 히죽히죽 자꾸 딴생각할래? 이제 '기온'에 대해 설명할 테니 잘 들어.

꽉

아야야야

기온은 또 뭔데?

기온은 공기의 온도야.

공기의 온도?

27

아까 지구 주위를 거대한 공기 덩어리가 둘러싸고 있댔잖아.

응.

그 거대한 공기 덩어리 중에 주로 어느 부분을 재는 게 기온이야?

쿵!

배찌가 이런 예리한 질문을…!

기온은 보통 땅의 표면으로부터 1.5m 높이에서 온도계로 잰 온도를 뜻해.

짱~

아~.

근데 되게 덥네.

벌벌

기온이 높아졌다는 뜻이야. 왜 높아졌을까?

당연히… 태양 때문이겠지?

맞았어. 태양의 열에너지가 공기를 데웠기 때문이야.

어머! 제법인데!

공기만 데울까? 아니, 태양에서 온 열에너지는 땅도 데우고….

과학 용어 알려 다오

**기온:** 땅의 표면으로부터 1.5m 정도의 높이에 있는 공기의 온도를 말해요. 태양의 열에너지를 받으면 공기의 온도가 올라가요.

29

땅 위 공기도 데워지면서 기온이 더 오르게 되거든.

끄떡 끄떡

그렇구나~.

그럼 하루 중 언제 기온이 제일 낮을까?

흠...

그야 밤이겠지. 밤에는 태양이 뜨지 않으니까…!

그중에서도 태양이 뜨기 직전의 기온이 제일 낮을 것 같아.

왜냐하면 밤새 햇볕이 없어서 공기도 땅도 식을 대로 식었을 테니까.

세상에…!

그럼 하루 중 기온이 제일 높은 때는 언제일까?

참고로 태양이 높을수록 기온도 점점 더 높아지는데, 태양은 아침에 뜬 후 낮 12시경에 가장 높이 떠.

잠깐! 우리 라면 먹고 하자. 그럼 답이 떠오를 것 같아.

갑자기?

충충충

으휴, 그러면 그렇지. 전교 꼴찌 배찌가 어디 가겠어?

가스 불을 최고로 올렸다고 해서 냄비가 곧바로 달궈지진 않아. 몇 분 기다려야 해.

보글 보글

마찬가지로 태양이 가장 높이 떴다고 기온이 곧바로 가장 높아질 리는 없어. 땅이 달궈질 시간이 필요해.

맞아, 하루 중 기온이 가장 높은 때는 12시경이 아니라 오후 2~3시경이야. 땅 위가 데워지는 데 시간이 걸리기 때문이지!

펄~ 펄~

부시적~ 부시적~

맛있겠다~!

# 5화. 구름 여행을 떠나요~

배찌가 의외로
똑똑하네.

배찌, 지구에 대해
알고 싶은 것 있으면
말해. 가르쳐 줄게.

음….

구름! 솜사탕처럼
맛있게 생겼잖아.

역시 먹을 것
생각뿐이군.

구름은 작은
물방울들이 모여
하늘에 떠 있는
거야.

**과학 용어 알려 다오**

**구름:** '구름'이란 작은 물방울들이 모여서 하늘에 떠 있는 것이에요.
맑은 날엔 흰색, 비 올 듯한 날엔 어두운 회색을 띠지요.

# 6화　물체 - 우정은 물체일까?

어서 와,
배찌.

너희가 나의 두 번째
선생님이라고…?

맞아.

물질에 대해
가르칠 거야.

참, 어제 마리드랑
구름 여행 갔다가
폭풍우를 만났다며?

그랬지.

무서웠겠다.

아니, 진한 우정을
확인한 순간이었어.

안 무서웠어?

진정한 친구와 함께라면 무섭지 않아.

자, 수업 시작하자. 물질에 대해….

물질이 뭐야?

물질은 물체를 만드는 재료를 뜻해.

물체는 또 뭐고?

모양이 있고 공간을 차지하고 있는 것. 쉽게 말해서 눈에 보이고 만질 수 있는 것들은 다 물체야.

과학 용어 알려 다오

물질: '물질'은 물체를 이루는 재료로, 기체와 고체, 액체 상태로 존재해요.

이것도
물체고…,

이것도
물체….

그럼 우정은?
우정도 물체야?

우정은 물체가
아니지.

왜?

우정은 눈에 보이지
않고, 손으로 만질 수도
없잖아.

과학 용어 알려 다오

**물체:** '물체'란 눈에 보이고, 만질 수 있는 모든 것을 말해요.
주위에 있는 책상, 연필, 지우개 등이 물체이지요.

아닌데?
눈에 보이고…

손으로 만질 수도
있는데?

말도 안 돼,
어떻게…?

디지니…,

배찌에겐 우정도
물체인 거야.

그럼 쉽게 설명해 줄게. 고체는 일정한 모양을 지녔고 손으로 잡을 수 있어.

그러니까 이 생수병처럼 굳고 단단한 것이 고체야.

액체는 눈에 보이긴 하지만 모양이 일정하지 않아.

물처럼 말이야. 그러니까 손에 잘 잡히지 않아.

기체는….

**과학 용어 알려 다오**

**고체:** '고체'는 일정한 모양이 있어서 눈에 보이고 손으로 잡을 수도 있는 물질의 상태를 말해요.

트림은 기체란 말이지?

확실하게 이해했네.

그런데 물질은 한 가지 상태로만 존재하진 않아. 예를 들어 물은…

얼면 고체….

녹으면 액체….

윽! 차갑잖아!

끓으면 기체가 돼.

으… 화가 부글부글 끓는다!

과학 용어 알려 다오

**기체:** '기체'는 모양과 부피가 일정하지 않고, 눈에 안 보이며, 힘을 가하면 부피가 변하는 물질의 상태를 말해요.

이렇게 물질의 상태가 고체, 액체, 기체로 변화하는 것을 물질의 상태 변화라고 해.

너무 어렵잖아!

어렵긴 뭐가 어려워? 네가 집중을 안 해서 그렇지!

잠깐…!

배찌, 이렇게 생각해 봐. 과학을 가르치는 선생님으로서의 디지니 표정은 어떤 상태 같아?

너무 딱딱해. 고체 같아.

디지니, 우리 강가에 가서 점심 먹을까?

과학 용어 알려 다요

**상태 변화:** 온도와 압력에 따라 물질의 상태(고체, 액체, 기체)가 변하는 현상을 말해요.

실험을 도와주는 조교야.

아무거나 고체 하나만 가져와.

좀 부담스럽지만… 어쨌든 좋아.

가루로
만들어 놓았네.

가루는 액체인가? 모양이
일정하지 않고 손에 잘
잡히지도 않잖아.

얼핏 보면
그렇지만…

봐.

아, 크기가 작아졌을
뿐이지, 고체구나!

브루스, 설탕 좀…!

설탕 가루를 가열하면 녹으면서 알갱이 모양을 잃고 갈색 액체로 변해. 이걸 캐러멜 화라고 하지.

와~ 달콤한 냄새~!

여기에 탄산수소나트륨을 넣고 빠르게 저으면~ 부풀어 올라, 요렇게 달콤한 설탕 과자가 돼.

아, 참으로 달고도 달고나~!

과학 용어 알려 다오

**캐러멜 화:** 설탕이나 당분을 180℃ 이상으로 가열하면 처음의 알갱이 모양을 잃고, 갈색 액체로 변하는 현상을 말해요.

# 9화 액체 - 약하다고 얕보지 마!

액체에 대해
공부하자.

액체는 모양이 일정하지
않아서 담는 그릇에 따라
모양이 변해.

액체는 약해서 싫어.
나는 나처럼 단단하고
굳센 고체가 좋다고.

스스로에 대해
심하게 오해하고 있군.

액체는 약하지 않아. 아무리 센 힘으로 눌러도 부피가 줄지 않는다고.

부피가 뭔데?

물체가 차지하는 공간의 크기를 부피라고 해.

내 코딱지는 '부피가 크다'고 할 수 있겠는걸.

액체를 눌러도 부피가 줄지 않는다고? 거짓말!!

봐! 손으로 누르니까 쑥 들어가네, 뭐.

58  과학 용어 알려 다오

부피: '부피'는 물체가 차지하는 공간의 크기를 말해요. 고체와 액체, 기체 모두 부피가 있어요.

그건 부피가 줄어든 게 아니라 모양이 변한 거야. 내가 시키는 대로 해봐.

주사기로 물을 빨아들여.

주사기 속 공기를 빼.

주사기 입구를 막아.

주사기를 눌러 봐.

안 눌러져!

그것 봐. 액체는 누른다고 부피가 줄어들지 않아.

액체, 이 녀석 나처럼 의지가 강하네!

그리고 액체는 성질이 까다로워서 아무하고나 사귀지 않아.

그게 무슨 소리야?

다오….

식용유는 뭐 하려고?

혹시 튀김…?

식용유를 이 안에
부어 줘.

칼
칼

식용유

식용유

물

왜 안 섞이지?

액체는 자기랑 성질이
비슷한 액체하고만 섞여.
성질이 다른 액체하고는
섞이지 않아.

이제 기체에 대해 배울 차례야.

기체가 제일 불쌍해. 모양도 없고 무게도 없고 부피도 없잖아?

모양이 없다기보다, 담는 그릇에 따라 모양이 변하는 거지.

하지만 무게와 부피가 없다는 건 잘못 알고 있는 거야.

그럼 기체도 무게와 부피가 있단 말이야?

깜짝

무게부터 실험해 보자.

불어 봐.

푸 수 —

푸 슈

척

척

수평이지? 이건 양쪽의 무게가 같다는 거야.

뭐, 뭐 하려고?

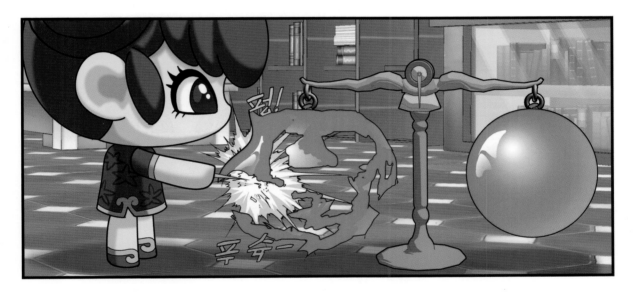

봐, 이래도 기체에 무게가 없어?

핵심 쏙쏙 OX퀴즈❶    정답: X  기체는 눈에 보이지 않고, 손에 잡히지도 않습니다.

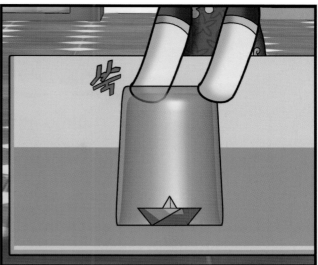

종이배가 잠기지 않고 컵 안에서 둥둥 떠 있다.

와아~, 컵 안으로
물이 더 안 들어가네?

컵 안쪽 공간을 기체,
즉 공기가 차지하고
물이 들어오는 것을 막는 거야.
이래도 기체에 부피가 없어?

잠수함이 없던 옛날에
사람들은 이런 원리를
이용해 물속을 탐험했어.
바로 '잠수종'이라는
기구로 말이야.

배찌, 우리 물속
탐험해 볼까?
과학의 원리를
믿고 말이야.

미, 믿긴 하지만
글쎄….

# 11화 혼합물 - 섞어야 맛있다!

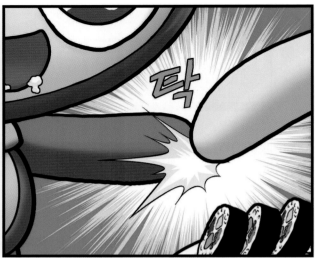

왜 그래? 먹을 때는 개도 안 건드린다고 했어.

공부하면서 먹어.

먹을 때는 그냥 먹자, 좀! 공부하면서 먹으면 소화가 되겠니?

어쩔 수 없어. 공부할 게 너무 많단 말이야.

이 김밥처럼 두 가지 이상의 물질이 섞여 있는 것을 혼합물이라고 해.

쳇, 먹을 것 앞에 두곤 아무것도 안 들려.

과학 용어 알려 다오

**혼합물:** '혼합물'은 두 가지 이상의 물질이 섞여 있는 것을 말해요. 서로 섞여도 각 물질의 성질은 변하지 않지요.

71

맨 처음에 시금치 씹었지?

어떻게 알았어?

찡그리는 것 보고 알았지. 너 시금치 싫어하잖아.

그 다음엔 당근 씹었지? 시금치 다음으로 네가 싫어하는 채소.

마지막엔 햄 씹었지?
얼굴이 환해지더라.

족집게다!

이런 것이 혼합물이야.
여러 물질이 섞여 있지만
각 물질의 성질은
변하지 않거든.

김밥 속의 시금치와
당근과 햄의 맛이
그대로인 것처럼!

이제
김밥을 먹….

다음은 혼합물의
분리에 대해 공부하자.

삐질 삐질

나, 혼합물의
분리 잘해!

?

?

볶음밥
먹을 때~.

밥이랑 고기만 먹고,
야채는 고스란히
분리해서 남겨.

뻐뻑

그런 것
말고!

74

사탕이다!

맞아, 하지만 알사탕만 있는 게 아니야.

알사탕과 똑같이 생긴 가짜 사탕이 절반 섞여 있어.

즉 알사탕과 스티로폼으로 만든 가짜 사탕의 혼합물이지.

헉, 스티로폼으로 이렇게 똑같이 만들었다고?

배찌, 이 혼합물에서 가짜 사탕을 분리해 봐.

부르르

정답 : 물이 담긴 그릇을 준비한다.

혼합물을 물에 넣는다.

알사탕은 가라앉고 가짜 사탕은 뜬다.

그러나 배찌가
선택한 방법은
그게 아니었으니….

흐응,
이게 사탕이야.

저건
가짜 사탕이고~!

내, 냄새로
구분하다니…!

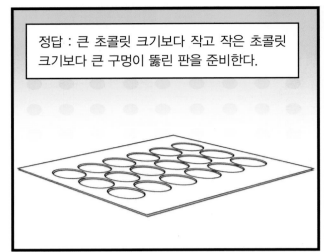

정답 : 큰 초콜릿 크기보다 작고 작은 초콜릿 크기보다 큰 구멍이 뚫린 판을 준비한다.

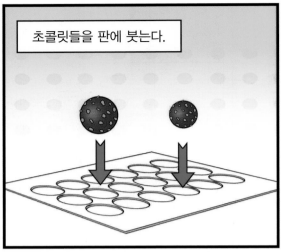

초콜릿들을 판에 붓는다.

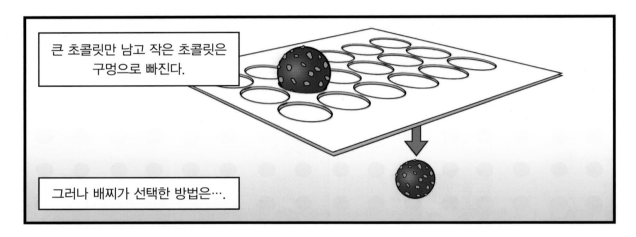

큰 초콜릿만 남고 작은 초콜릿은 구멍으로 빠진다.

그러나 배찌가 선택한 방법은….

나는 척~ 보면 어느 게 큰지 알아. 그래서 친구들이랑 함께 먹을 때 손해 보는 일이 절대 없지.

꽈당!

꽈당!

핵심 쏙쏙 OX퀴즈❷ 　정답: O　혼합물을 각각의 물질로 분리하려면 물질의 서로 다른 성질을 이용해야 합니다. 철가루는 자석에 붙는 특성이 있어요.

에띠야, 나 왔어.

어, 배찌~!

'지구'와 '물질' 수업은 재미있었어?

노는 게 더 재밌어.

시무룩

에띠, 너는 책 보는 게 재밌어?

응.

심쿵

노는 것보다 더?

응.

말도 안 돼! 에띠는 혹시 외계인 아닐까?

커헉!

82

나와는 에너지에 대해
공부할 거야.

럭띠~ 럭띠!
어딨니?

응, 오빠~!

럭띠, 안녕~.

수업 준비해야지.
자석 갖다줄래?

안 돼,
갈 데가 있어.

어디?

 과학 용어 알려 다오

**자석:** 자석은 철을 끌어당기는 성질을 지닌 물체를 말해요.
모양에 따라 막대자석, 원형 자석 등이 있어요.

83

브루스와 댕키가 들고 있는
건 막대자석이야.

자석을 무기 삼아
결투를 할 거야.

걱정 마, 댕키. 내가 가르쳐
준 대로 하면 안전해.

어떻게 된 거야…?
무기가 닿지도 않았는데
서로 밀려났어.

휘 릭

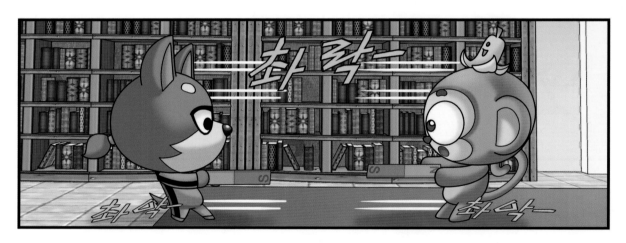

휘 릭—
촤 악—
촤 악—

자석이 같은 극끼리 밀어내는
힘을 척력이라고 해. 같은 극인
N극과 N극, S극과 S극은
서로 밀어내지.

타앗

과학 용어 알려 다오

**척력:** 자석의 '척력'이란 같은 극끼리 서로 밀어내는 힘을 말해요.
같은 극인 N극과 N극, S극과 S극은 서로 밀어냅니다.

그만!

이렇게 다른 극끼리 끌어당기는 힘을 인력이라고 해. 다른 극인 N극과 S극은 서로 끌어당겨.

과학 용어 알려 다오

**인력:** 자석의 '인력'이란 다른 극끼리 서로 끌어당기는 힘을 말해요. 다른 극인 N극과 S극은 서로 끌어당겨요.

목욕탕에서 나왔나?
정신없이 때를 밀고
사라지네?

91

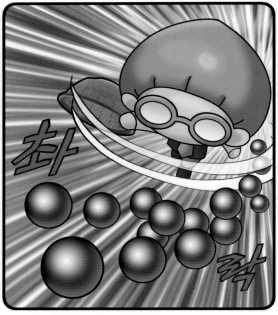

철로 된 물체를 자석으로
문지르면 잠깐 동안 자석이
되는데, 이걸 자화라고 해.
그러니까 자석이 된 킬러 로봇이
쇠구슬을 끌어당긴 거야.
그렇게 로봇은 끝장났지.

# 15화 나침반 - 언제나 북쪽

그 킬러 로봇은 어떻게 됐어?

로두마니에게 돌려보낼 생각이었는데, 여기서 살고 싶다고 하더라고.

그럼 여기서 살아?

응, 내가 '봇돌이'라고 이름도 지어줬어.

까깜깜짝

이름 좋다~!

강에서 놀고 있을 거야. 가 보자.

색깔이 왜 저래?

한번 자석이 돼 보더니 틈만 나면 자석 흉내야.

뭐 하는 거야?

자석이 되려는 거야.

척

샤샤샥

물놀이 매트잖아.

아, 뭐 하려는지 알겠다.

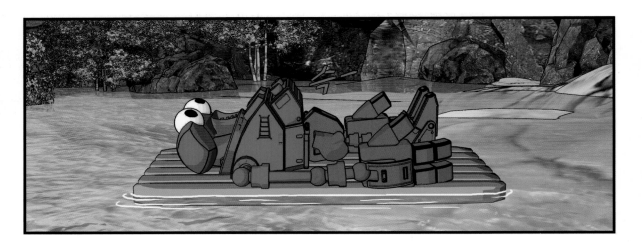

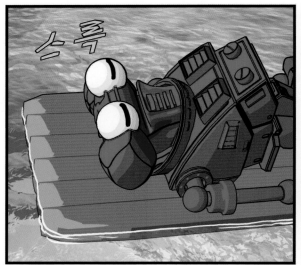

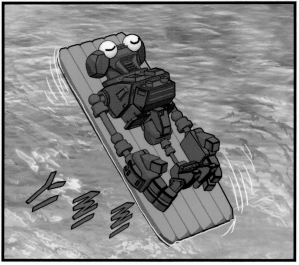

나침반 놀이야.
봇돌이의 머리가 향한
곳은 북쪽, 다리가
향한 곳은 남쪽이래.

과학 용어 알려 다오 **나침반:** 자석의 성질을 가진 자침을 이용하여 방위를 알 수 있도록 만든 기구예요.

큭큭, 세상에서 가장 큰 나침반이네.

맞아, 그런 셈이지.

그런데 나침반은 왜 항상 북쪽을 가리켜?

지구가 하나의 거대한 자석이기 때문이야.

북극은 S극, 남극은 N극. 아까 다른 극끼리 끌어당기는 인력에 대해 배웠지? 즉 북극인 S극이 나침반의 N극을 끌어당기는 거야.

북극

남극

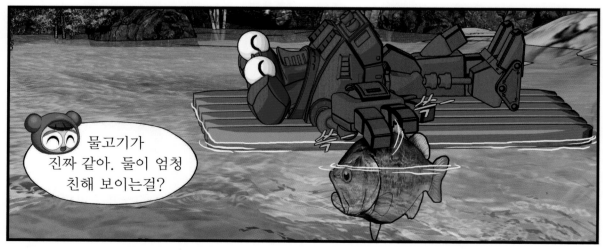

붓돌이의 장래 희망이 뭔지 알아?

음…, 나침반이 되는 것?

나침반을 좋아하긴 하지만 그건 놀이인 거고~.

보여 줄 게 있어. 붓돌이 작업실에 가 보자.

작업실?

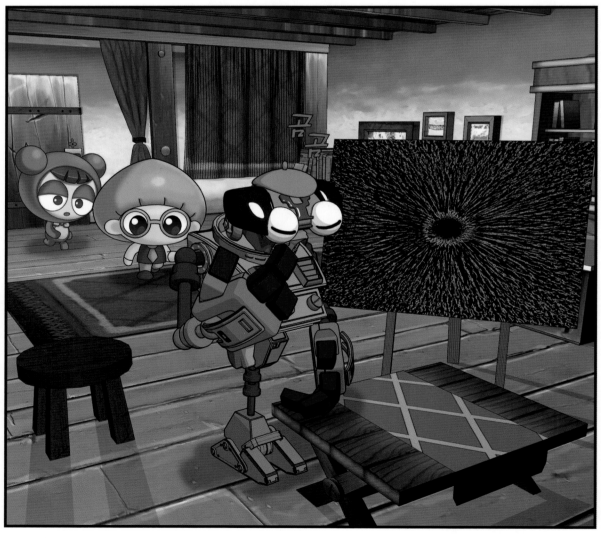

봇돌이 그림도 그려?

응.

자, 봇돌이의 작품이야.

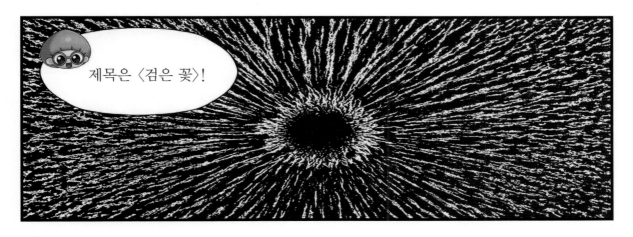

제목은 〈검은 꽃〉!

나보다 훨씬 낫네~.

봇돌아, 작업하는 것 좀 보여줘.

딱!

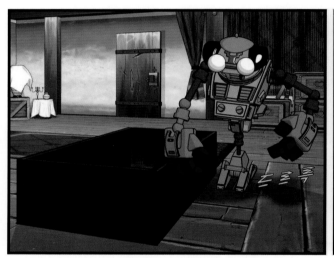

뭐 하는 거야?

지켜 봐.

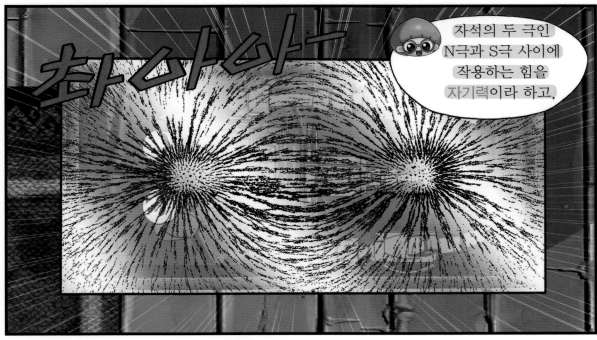

자석의 두 극인 N극과 S극 사이에 작용하는 힘을 자기력이라 하고,

자기력이 미치는 공간을 자기장이라고 해. 그리고 막대자석에 철가루를 뿌리면…

이렇게 선처럼 늘어선 철가루 모양이 나타나는데, 이것을 자기력선이라고 해. 자기력의 방향을 나타내지.

이건 원형 자석의 자기력선을 물감을 뿌려 고정시킨 거야.

대단하다! 넌 위대한 화가가 될 거야!

과학 용어 알려 다오

**자기장:** 자석의 두 극 사이에 작용하는 힘인 자기력이 미치는 공간을 말해요. 자석에서 멀어질수록 자기력의 세기는 약해지지요.

깜깜

헉!

촤륵

아, 이제 보이네.

앞에 있다고 보이는 게 아니구나. 빛이 있어야 보이는 거였어.

맞아, 먼저 빛이 그 물체를 비춘 다음에 반사되어 우리 눈에 들어와야 해.

반사

  **과학 용어 알려 다오**

**빛:** 우리 눈을 자극하여 물체를 볼 수 있게 해 주는 전자기파의 하나로 가시광선, 적외선, 자외선, X선 등 모든 전자기파를 포함해요.

아, 그런 복잡한 과정을 거쳐
물체가 우리 눈에 보이는 거라니
신기하다….

날씨도 좋은데
우리 잠깐 나갈까?

태양은 스스로 빛을 내는 물체라서
다른 빛의 도움 없이도
우리는 태양을 볼 수 있어.

으앗, 햇빛이
눈부셔~.

그래서 밤하늘의
달도 보이는 거구나~?

달은 스스로 빛을
내는 게 아냐.

그래, 예를 들어 이 손전등은 스스로 빛을 내는 물체야.

그밖에도 형광등, 네온사인, TV 모니터, 휴대폰 액정….

스스로 빛을 내는 건 여기에도 있단다.

우리 아기 얼굴!

봐, 반짝반짝 빛나지?

에이, 그건 아니죠. 얼굴에서 어떻게 빛이 나요? 다른 빛이 아기 얼굴에 반사돼….

아닌데? 빛이 없는 암흑 속에서도 우리 아기 얼굴은 반짝반짝 빛나는데?

어때, 그렇지? 반짝반짝 빛나는 우리 아기~.

하긴, 세상 모든 엄마들에게 아기는 영원히 꺼지지 않는 빛이겠지.

까르르

번쩍

히잉, 엄마 보고 싶다….

# 18화 그림자 - 빛의 길을 가로막다

얼마 전 로두마니가 보낸 투명 인간이 쳐들어온 적이 있어.

투명 인간?

녀석은 숲에 숨어 있다가 빈틈만 보이면 우릴 공격했지.

깜짝

퍽!

으악!

쿵!

브루스의
무술 실력도
소용없었어.

전혀
안 보였어?

응, 전혀.

그럼 밤에 손전등을 비춰서
잡으면 되잖아. 그림자는
보일 테니까~.

그림자는 빛이 직진하는 길에
물체를 두었을 때 빛이 물체를
통과하지 못해 물체의 뒷면에
생기는 검은 그늘이야.

투명 인간의 몸은 빛이
그냥 통과해 버리기
때문에 당연히 그림자도
생기지 않아.

그래서 어떻게
잡았어?

요걸로
잡았지.

**과학 용어 알려 다오**

**그림자:** 빛이 지나가는 길에 물체가 있을 때, 빛이 물체를 통과하지
못해 물체의 뒷면에 생기는 검은 그늘을 말해요.

저기 있다.
브루스, 공격해!

막대 사탕의
그림자 때문에
잡힌 거지.

쯧, 사탕의 유혹을
참긴 힘들지.

근데, 사정을 들어 보니 안됐더라고. 투명 인간도 우리처럼 평범했대.

그런데, 어느 날 로두마니가 찾아온 거야.

그림자를 내게 팔지 않으련? 그까짓 그림자 별로 쓸모도 없잖아.

솔깃

씨익

오, 잘 생각했다.

휙

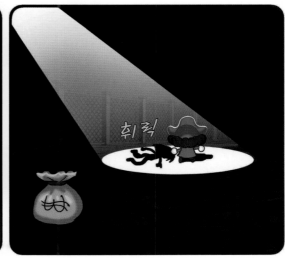

휘릭

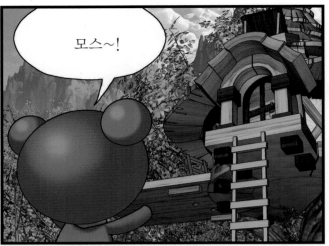

어서 와,
배찌야.

럭띠, 너 여기 있었어?
에띠가 엄청 찾던데…?

깜짝

럭띠 너…, 에띠한테
말 안 하고 온 거야?

아니야,
말했어.

그냥 저~기
간다고만 했잖아.

으이구, 어서
에띠한테 가 봐!

삐질
삐질

핵심 쏙쏙 OX퀴즈 3

밤하늘의 달이 보이는 이유는 달이 스스로
빛을 내기 때문이에요.(정답은 120쪽에!)

핵심 쏙쏙 OX퀴즈 ❸  정답: X  달은 스스로 빛을 내지 못합니다. 태양 빛이 달 표면을 반사해 우리 눈에 보이는 거예요.

 과학 용어 알려 다오

생물: 생물은 동물과 식물처럼 살아 숨 쉬고, 움직이고, 소화시키고, 자손을 퍼뜨리는 등의 활동을 할 수 있는 살아 있는 물체를 말해요.

121

배찌, 생물이 뭘까?

살아 있는 게 생물이지, 뭐.

그럼 살아 있다는 건 뭘까?

그야 뭐 숨 쉬고, 밥 먹고, 똥 누고…. 그런 거?

중요한 걸 빼먹었어!

어른 되면 좋아하는 사람과 결혼도 해야지~.

저렇게 좋을까…?

그래, 살아 있다는 것, 즉 생명이 있다는 것은 방금 말한 모든 것을 다 포함하는 거야.

숨을 쉬고, 음식을 먹고, 자라면서 모습이 변하고…. 이걸 생장이라고 하지.

어른이 되어 아기를 낳는 것도….

맞아, 자기를 닮은 자식을 낳아 종족을 이어가고….

123

그럼 식물은 생물이 아니네.

왜?

숨도 안 쉬고, 밥도 안 먹고, 아기도 안 낳잖아.

그렇지 않아.

식물도 숨을 쉬어. 밥 대신 물과 영양분을 먹으며, 무럭무럭 자라고, 어느 정도 자라면 씨를 만들어 자기랑 닮은 새 식물을 자라게 해.

싱긋

그럼 봇돌이는?

봇돌이? 에띠랑 같이 사는 로봇?

응, 봇돌이는 생물이야? 내 생각엔 생물 같은데….

왜 그렇게 생각해?

우리랑 똑같으니까~.
아니, 우리보다 더
뛰어날 때도 있어.

혼자서 나침반 놀이를
생각해 내고….

그림은 또 얼마나
잘 그리는데?

그래, 봇돌이는 참
대단하더라.

하지만
생물은 아니야.

왜?

방금 말한 생물의 조건을 하나도 갖추지 않았잖아. 봇돌이는 숨도 안 쉬고, 음식도 안 먹고, 생장하지도 않아.

가장 중요한 건, 자기랑 잘 맞는 짝을 만날 수 없다는 거야.

머릿속엔 온통 모스 형아 생각뿐이군.

질문 있어.

전부터 궁금하던 건데, 바이러스는 생물이야, 아니야?

아, 바이러스는 특이한 녀석이야…

생물 몸 밖에 있을 때는 그냥
단백질 덩어리일 뿐이야.

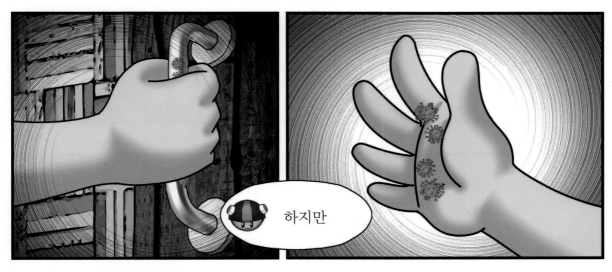

하지만

생물의 몸속에
들어가면….

생물처럼 활동하며
병을 일으켜.

그러니까 바이러스는 생물과
무생물의 중간쯤 되는
존재라고 할 수 있어.

나쁜 바이러스도 생물과
무생물의 중간이라는데…

우리 봇돌이는 전혀 생물이 아니라니….
하지만 봇돌아, 누가 뭐래도 넌 나한테는
소중한 생명이야.

과학 용어 알려 다오 ⋛

**바이러스:** 바이러스는 스스로는 살 수 없고 생물의
몸속에서만 살 수 있는 불완전한 생물이에요.

# 21화

# 생물이 사는 곳 - 악착같이 살아남아라!

생물들은 지구 곳곳에 흩어져 살고 있어. 땅 위, 땅속, 나무 위, 물가, 바닷속….

어떻게 이런 곳에서 살 수 있을까 생각되는 극한 환경에서도 생물들은 살아.

맞아, 빛이 전혀 없는 동굴 속에도 살더라.

넌 가끔 물 밖으로 올라오더라? 왜 그런 거야?

숨 쉬러 나오는 거야. 난 물속에서는 숨을 못 쉬거든.

그럼 바닷속에서는 어떻게 숨 쉬어?

그냥 참아. 한동안 참다가 물 밖으로 올라와서 숨 쉬어.

불편하겠다. 넌 왜 다른 물고기들이랑 달라? 보통 물고기들은 물속에서 잘만 숨 쉬잖아.

그 이유는 말이야….

옛날 옛날 우리 조상들은 땅에서 살기도 했다던데! 그래서 그런 거 아닐까 싶어.

정말? 어떻게?

약 5500만 년 전

우리 고래의 특징을 가진 가장 오래된 동물인 '파키케투스'는 땅 위에서 살았대.

그럼 육지에서 오랜 시간이 지나 바다로 온 거야? 우아, 대단하네~!

잘은 몰라. 그렇다는 말도 있어서 자랑한 거야.

뭐?

핵심 쏙쏙 OX퀴즈❹

정답: O  생물은 스스로 생활할 수 있으며, 자손을 퍼뜨릴 수 있어요.

다음에 숨 쉬러 나올 때
또 만나~!

철썩

그럼 고래의 조상이
육지에서 살았던 거야?

확실하진
않다니까~.

그래, 일부 학자들이
주장하는 하나의
학설일 뿐이야.

확실한 건, 생물들은
살아남기 위해 환경에
적응하며 이렇게 다양한 곳에서
살고 있다는 사실이지.

  **과학 용어 알려 다오**

**동물:** 스스로 움직이며 다른 생물로부터 양분을 얻어 살아가는 생물을 말해요. 지구상에는 100만 종이 넘는 동물이 있다고 알려져 있지요.

*신경계: 뇌와 척수, 그리고 몸 전체에 퍼져 있는 신경 다발을 통틀어 부르는 말.

사슴아,
절대로 잡히지 마!

늑대는
굶어 죽으란 얘기군.

동물은 식물과 또
어떤 점이 다를까?

음….

또는 깃털이
있기도 하지.

몸에 털이
있기도 해.

# 23화 동물의 먹이 - 풀이냐, 고기냐!

동물은 먹이에 따라
*초식 동물과 *육식 동물로
나눌 수 있어.

육식 동물은
초식 동물을
잡아먹지.

요새 사슴들이
왜 이렇게 빠르냐?

이러다가
굶어 죽겠어.

시무룩

*초식 동물: 식물을 주로 먹고 사는 동물.
*육식 동물: 동물의 고기를 먹고 사는 동물.

육식 동물은 사냥할 때 매우 빨리 달리는 경우가 많지. 하지만….

먹이에 몰래 접근하기 위해 조용히 움직일 때도 있어.

살금 살금

고기를 찢기 위해 날카로운 송곳니가 발달하기도 했고….

맛있겠다~。

헉, 나 똥 마려!

뭐?

143

핵심 쏙쏙 OX퀴즈 5  생물은 동물과 식물로 구분됩니다. (정답은 144쪽에!)

핵심 쏙쏙 OX퀴즈⑤　　　정답 : O　동물은 다른 생물을 먹어야만 살 수 있지만, 식물은 다른 생물을 먹지 않아도 살 수 있어요.

식물이 불쌍해.

왜?

초식 동물은 도망칠 수라도 있지. 식물은 꼼짝 못 하고 뜯어 먹힐 수밖에 없잖아.

냠 먹

식물도 당하고만 있진 않아. 나름대로 방어를 해.

어떻게?

에이, 가시가 왜 이렇게 많아? 먹을 수가 없네.

투덜

투덜

아, 가시로 방어하는구나!

그뿐이 아니야.

사람이 여자와 남자로 나뉘듯이 대부분의 동물들도 암컷과 수컷으로 나뉘어.

동물의 *암수는 어떻게 구별할 수 있을까?

음, 수컷은 덩치가 크고 암컷은 작지 않을까?

꼭 그렇진 않아.

*암수: 암컷과 수컷을 아울러 이르는 말.

147

꼭 그렇지도 않아. 공작 수컷은 암컷과 비교도 안 될 정도로 화려하거든.

이상하다…. 왜 수컷이 더 화려할까?

암수 구별이 뚜렷한 동물들은 대부분 수컷이 암컷보다 화려해.

그래서 내가 이렇게 잘생긴 거구나~.

이유는 간단해. 암컷에게 잘 보이기 위해서!

아~!

149

화려한 겉모습 대신 울음소리로
암컷에게 잘 보이려고 하는
수컷 동물들도 있어.

맴맴-

개굴-
개굴- ♪ ♬

남자들은 여자들에게 엄청
잘 보이고 싶은가 봐~.

두쭐

꼭 그런 것만도
아니야.

심쿳

나방 암컷은 수컷을
유인하기 위해 '페로몬'이라는
냄새를 퍼뜨려.

파파닥

파닥

파닥

누에도 마찬가지고.

이중에서 누굴 고를까?

하나의 몸 안에 암컷과 수컷의 특징을 다 지닌 **암수한몸** 동물들도 있어.

신기하다, 암수한몸이라니….

더 신기한 동물도 있어. 시간에 따라 암수가 바뀌어.

깜짝

뭐?

 **암수한몸:** 하나의 몸 안에 암컷과 수컷의 특징이 다 있어, 두 생식 기관을 갖춘 생물을 말해요.

굴이 그래.

너 지금 남자니, 여자니?

그러는 너는?

동물은 이처럼 다양한데 대체로는 암컷보다 수컷이 더 화려해. 암컷에게 잘 보여 짝짓기에 성공하기 위해서지.

듣고 보니…

내가 왜 모스 오빠를 쫓아다니는 거지? 모스 오빠가 날 쫓아다녀야 하는 거잖아!

내가 뭐 잘못 말했나?

# 25화 동물의 한살이 - 대를 이어야 해!

동물의 한살이에 대해 생각해 보자. 우선 태어나는 것부터….

개구리는 알에서 태어나.

 과학 용어 알려 다오

**한살이:** 생물이 태어나서 죽을 때까지 살아가는 과정을 '한살이'라고 해요.

개구리는 알을
왜 그렇게 많이 낳는지
모르겠어.

그건….

대부분 천적에게
잡아먹히기 때문이야.

쿵!

그런 슬픈 이유가
있었구나. 불쌍한
개구리 엄마….

새들도 알을 낳지만
개구리보다 적게 낳아.

개나 고양이는
어미가
새끼를 낳잖아.

**과학 용어 알려 다오**

**천적:** 어떤 생물을 주된 먹이로 하여 살아가는 생물을 말해요.
예를 들어 뱀은 개구리의 천적이랍니다.

사람도 그렇게 태어나. 아기는 엄마 몸속에서 영양분을 공급 받다가 태어나지.

태어나면 어느 정도 자랄 때까진 엄마 젖을 먹으며 보살핌을 받고….

인간이지만 엄마 뱃속에서 안 태어나는 경우도 있어.

쿵!

그럼 어디서 태어나?

다리 밑에서….
우리 엄마가 그러던데?

동물들은 왜 새끼를
자꾸 낳을까? 키우기도
힘들 텐데….

새끼를 낳아 종족을 잇는
것이 동물들이 사는
목적이기 때문이야.

말도 안 돼. 즐겁고
행복하기 위해서 살지,
아기를 낳기 위해 살아?

동물들은
그래.

매미를 예로
들어볼까?

알에서 깨어난 매미 *애벌레는
땅속으로 들어가 짧게는 3년,
길게는 17년 동안 땅속 생활을 해.

*애벌레: 알에서 나온 후 아직 다 자라지 않은 벌레.

깨어나면 나무 위로
올라가 다 자란 어른벌레,
그러니까 *성충이 되지.

*성충: 다 자라서 생식 능력이 있는 곤충.

그리고 약 2주일 동안
짝짓기 할 상대를 구하기 위해
맴맴- 울어. 그리고
짝짓기가 끝나면…

맴~

맴~

맴~

수컷은 곧바로 죽어.
암컷도 알을
낳자마자 죽고….

17년 동안 땅속에서 기다렸다가
짝짓기 한 번 하고
죽는단 말이야?

생애 처음이자
마지막 울음이었다니….

매미야,
실컷 울어~!

동물은 등뼈, 즉 척추가 있느냐, 없느냐로 나눌 수 있어.

등뼈가 있는 동물을 척추동물이라고 해.

난 등뼈 있는데.

척추동물은 포유류, 조류, 파충류, 양서류, 어류로 나눌 수 있어.

**과학 용어 알려 다오**

**척추동물:** 등뼈가 있는 동물을 말해요. 현재 지구에는 4만 종이 넘는 척추동물이 있다고 알려져 있지요.

포유류는 젖을 먹여 새끼를 기르는 동물이라는 뜻이야. 인간도 포유류지.

나는 우유 먹고 자랐으니까 우유류?

알을 낳아 기르는 새 종류는 조류이고,

파충류는 기온에 따라 체온이 변하는 변온 동물이야. 몸이 비늘로 덮여 있고 겨울잠을 자.

**과학 용어 알려 다오**

**포유류:** '척추동물' 중 새끼를 낳아 젖을 먹여 키우는 동물을 말해요. 사람, 토끼, 소, 개 등이 포함되지요.

양서류는 수중 동물과 육상 동물의 중간 단계에 있는 동물이야. 개구리, 두꺼비, 도롱뇽 등이 있어.

어류는 물속에 사는 물고기야. 아가미로 숨을 쉬어.

나, 고래는 아가미 없어. 새끼를 낳아 젖을 먹이는 포유류거든~.

동물들은 거의 다 등뼈가 있구나. 등뼈 없는 동물은 별로 없나 봐.

천만에!

등뼈가 없는 무척추동물이 동물의 90% 이상을 차지한다고 알려져 있어.

과학 용어 알려 다오 무척추동물: 동물 중에서 등뼈가 없는 동물을 말해요. 전체 동물의 90%를 이상을 차지하고 있다고 알려져 있지요.

조개
연체동물

거미
절지동물

플라나리아
편형동물

지렁이
환형동물

무척추동물은 현미경으로
봐야 하는 작은 것에서부터
바다에 사는 거대한 오징어에
이르기까지 크기도 무척 다양해.

불가사리
극피동물

말미잘
강장동물

163

드래곤아, 꿈속이라도 좋으니까
나타나 주렴. 그래야
드래곤 물풍선을 만들지~.

꼬 옥

어머, 배찌가 이렇게
생각에 잠긴 건 처음 봐.

과학 공부를 한
효과가 나타나나 봐.

배찌가
똑똑하단 걸 난 알지.

# 27화

# 곤충 - 벌레라고 부르지 마라, 우리도 이름 있다!

**곤충:** 몸통이 '머리, 가슴, 배'로 나뉘고, 날개가 2쌍, 다리가 3쌍이 있는 동물을 말해요.

165

어떻게 생긴 동물을 곤충이라고 할까?

귀여운 곤충이 얼마나 많은데….

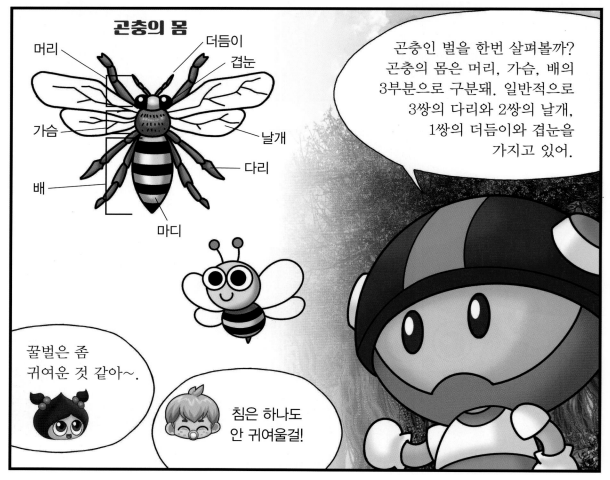

## 곤충의 몸

머리
더듬이
겹눈
가슴
날개
배
다리
마디

곤충인 벌을 한번 살펴볼까? 곤충의 몸은 머리, 가슴, 배의 3부분으로 구분돼. 일반적으로 3쌍의 다리와 2쌍의 날개, 1쌍의 더듬이와 겹눈을 가지고 있어.

꿀벌은 좀 귀여운 것 같아~.

침은 하나도 안 귀여울걸!

까아악~

곤충 중에서도 거미가
제일 징그러워.

부들 부들

거미의 몸통은
2부분으로 나뉘어져 있고,
다리가 4쌍이라 곤충이 아니야.
거미류로 따로 분류해.

그거나
이거나.

곤충은 자연에 적응하는 능력이
동물 중에서 가장 뛰어나다고
알려져 있어. 그렇기 때문에
지구에서 제일 많은 동물이
된 거겠지.

무엇보다 곤충은
'탈바꿈'이라는 특별한
능력이 있어.

탈바꿈?

응, 말 그대로 모습을
바꾸는 거야.

 과학 용어 알려 다오

**탈바꿈:** 동물이 성장하는 과정에서 큰 변화를 거쳐 성체가 되는 것을 말해요.
성장 과정에서 짧은 기간 동안 크게 형태를 바꾸는 것을 의미하기도 해요.

## 완전 탈바꿈

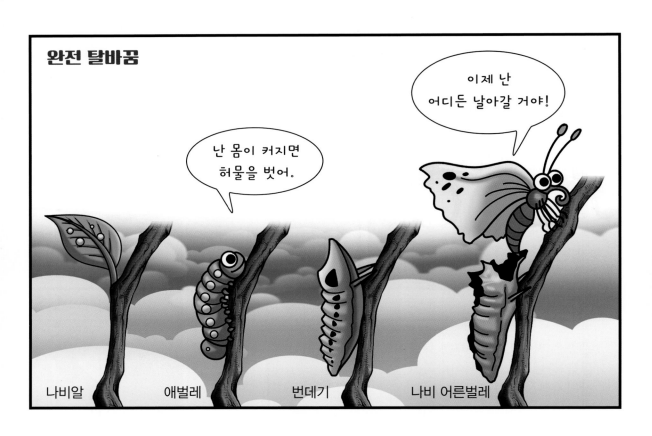

나비알 애벌레 번데기 나비 어른벌레

## 불완전 탈바꿈

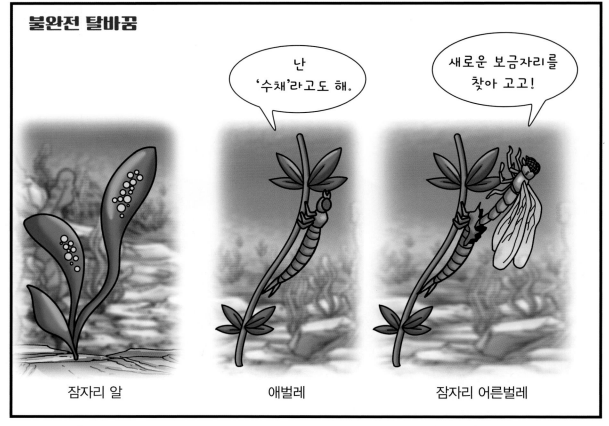

잠자리 알 애벌레 잠자리 어른벌레

과학 용어 알려 다오 **불완전 탈바꿈:** 곤충이 알에서 어른벌레로 자라기까지 번데기 과정을 거치지 않는 것을 '불완전 탈바꿈'이라 해요.

탈바꿈이 왜 뛰어난
능력이야?

탈바꿈을 통해 애벌레와
어른벌레가 다른 환경에서
살아간다는 것, 이게
대단한 거야.

같은 환경에서 살 때 닥칠 수
있는 멸종의 위험을 줄이고,
또 각각 다른 먹이를 먹어
먹이 부족을 막아.

아~

굼적

굼적

굼적

배찌도 이제 탈바꿈할
때가 된 것 같다.

배찌 너
곤충이었어?

굼적

굼적

**배찌의 변신은 무죄! 〈과학 용어 사전〉 2권에서 만나요!**

# 마구마구 끌어당겨, 자석!

| | |
|---|---|
| 주제 | 철을 끌어당기는 자석 |
| 준비물 | 네오디뮴 자석,<br>시리얼(철분이 들어 있는), 믹서기, 지퍼 팩 |
| 실험 목표 | 자석의 성질, '자성'을 이해한다. |
| 실험 관찰<br>과정 및 방법 | ① 시리얼을 믹서에 곱게 간다.<br><br>② 곱게 간 시리얼을 지퍼 팩에 넣고<br>뜨거운 물을 넣어<br>20~30분 정도 놔둔다.<br><br>③ 시리얼에 자석을 갖다 대면<br>철가루가 끌려 온다. |
| 결과 | 시리얼 속에 들어 있는 철분이 자석에 끌려 와요. |
| 알 수 있는 사실 | 자석에 따라오는 철가루는 '환원철'인데,<br>먹어도 될 만큼 깨끗하게 만든 순수한 철을<br>아주 작은 알갱이로 만든 상태랍니다. |

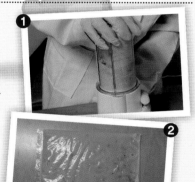
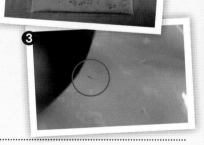

# 팡팡 발사, 공기대포!

| | |
|---|---|
| 주제 | 공기의 움직임 |
| 준비물 | 뚜껑 있는 플라스틱 투명 컵, 풍선, 칼(가위), 접착용 테이프, 휴지, 초, 모기향, 라이터 |
| 실험 목표 | 공기는 일정한 부피와 공간을 차지한다. |

실험 관찰
과정 및 방법

① 풍선의 입구 부분을 자르세요.

② 플라스틱 컵의 바닥을
칼을 이용해 뚫어 주세요.
컵의 형태를 유지할 수 있도록
바닥의 가장자리 부분을
남겨 놓으세요.

③ 풍선의 자른 면을 벌려 컵의
잘라 낸 부위에 씌우고
접착용 테이프로 고정하세요.

④ 구멍 있는 뚜껑을 닫아
공기대포를 완성하세요.

⑤ 이제 휴지를 놓고 풍선 막을
잡아당겨 공기대포를 발사해 보세요.
공기의 힘으로 휴지가 날아갈 거예요!

⑥ 이번에는 촛불을 놓고 풍선 막을
잡아당겨 보세요. 공기의 힘 덕분에
촛불이 꺼질 거예요.

실험 관찰
과정 및 방법

⑦ 공기는 어떻게 힘이 생긴 걸까요?
모기향에 불을 피운 다음, 컵을 뒤집어
연기를 컵에 채우세요. 연기는 아래에서
위로 향하기 때문이에요.

⑧ 연기로 채운 공기대포를
발사해 보세요. 도넛 모양의
공기가 나오는 걸 볼 수 있어요.

---

결과

풍선 막을 잡아당기면, 입구 가장자리에서는
공기가 느리게 움직여요. 동시에 입구
가운데 부분은 공기의 흐름이 빨라,
공기가 안으로 빨려 들어가면서
도넛 모양의 공기가 발사되지요.

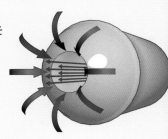

---

알 수 있는 사실

공기는 일정한 부피와 공간을 차지하며 무게도 있어요.
힘을 가해 이동시킬 수도 있지요.

# 찾아보기

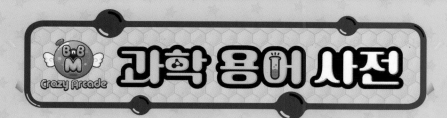

# 과학 용어 사전

## 출간 기념 특별선물①

### 모두에게 드려요!
### 스페셜 5종 아이템 쿠폰

<과학 용어 사전 1권>을 구입한 모든 독자 여러분께
게임 아이템 5가지를 모두 이용할 수 있는 쿠폰을 드립니다.

★쿠폰 유효 기간 : 2019.10.18 ~ 2020.10.16

아이템 1 바늘 30개

아이템 2 화살 30개

아이템 3 실드 30개

아이템 4 1,000루찌

아이템 5 캐릭터 뽑기 1회 (3장)

어서 책날개를 확인해 봐!

### ★유의사항★

① 쿠폰은 도서의 뒤 책날개에 있습니다.
② 쿠폰은 계정당 1회 사용 가능합니다.
③ 안드로이드 기기에서만 사용할 수 있습니다.
④ 쿠폰은 교환, 환불 되지 않습니다.
⑤ 쿠폰은 중복 사용되지 않습니다.
⑥ 받은 아이템은 게임 내 '우편함'으로 지급됩니다.

# Q & A

## 이벤트 쿠폰은 어떻게 사용해야 할까요?

**Q1** 스페셜 5종 아이템 쿠폰은 어디에 있나요?

**A** 〈과학 용어 사전 1권〉 이벤트 쿠폰은 도서의 책날개를 열어 보면
위, 아래로 쿠폰 번호가 나와 있어요.

**Q2** 스페셜 5종 아이템 쿠폰은 어떻게 등록하나요?

**A** 아래 그림을 따라서 등록해 주세요.

❶ 게임 내 화면에 있는 '설정' 버튼 클릭

❷ 아래 창에서 '쿠폰 입력' 버튼 클릭

❸ 표시되는 쿠폰 입력 창에 쿠폰 번호 입력

❹ '우편함'을 열어 선물 확인!

> 만화로
> 과학 실력이 팡팡!
> 선물로
> 즐거움이 퐁퐁!

**Q3** 아이폰(iOS)에서 쿠폰을 사용할 수 있나요?

**A** 애플 아이튠즈 스토어 방침에 따라 쿠폰 입력이 불가능합니다.
본 쿠폰은 안드로이드 폰에서만 사용해 주세요.

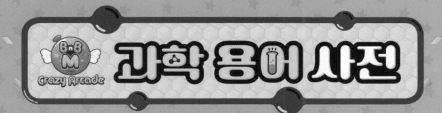

# 과학 용어 사전

## 출간 기념 특별선물②

### 추첨해서 드려요!
### 완소 아이템 3종

애독자엽서 추첨을 통해 50분에게 아래 1~3번 중 하나를 선물로 드립니다.

★응모 기간 : 2019년 12월 31일
★응모 방법 : 주소와 전화번호를 정확히 적어 애독자엽서로 응모해 주세요.
★당첨 발표 : 2020년 1월 3일 <서울문화사 어린이책> 공식카페(http://cafe.naver.com/ismgadong)

**20명**
**1** 즐거워서 좋아!
3D 입체퍼즐 배찌

**20명**
GOODFIX
**2** 귀여워서 좋아!
블러썸 미니가습기

**10명**
**3** 재밌어서 좋아!
코믹 메이플스토리
100권의 기록

애독 자엽서로
많이 많이
응모해 주세요!

# 푸드트럭 타고 떠나는 세계사 대탐험!

왔노라, 보았노라, 세계사를 알게 되었노라.

NEW!

**쿠키런 세계사 ④**

COOKIE RUN

로마제국
고대 로마,
카이사르, 예수
역사 속으로 GO GO!

**쿠키런 세계사 1~4권 발매 중!**

## 세계 속으로 Go Go! 역사 속으로 Go Go!

1 선사 시대
2 세계 4대 문명
3 고대 그리스
4 로마 제국
5 중세 유럽(예정)

시대별, 인물별로 차근차근 제대로 익히자!

## 3단계 역사학습 시스템

1 만화

역사 개념을 하나로 잇는 삼각형 통합 역사 학습 시스템!

2 퀴즈 — 3 콘텐츠

값 10,500원 / 구입 문의: (02)791-0754(출판마케팅) 서울문화사

# 수학 학습 만화 No. 1
# 수학도둑 시리즈

**BEST** 650만 부 돌파

값 10,500원

값 11,000원

## 수학 개념 마스터
### 개념부터 응용까지
### 4단계 학습 시스템!

## 수학 용어 마스터
### 초등 수학 5개 영역
### 기초부터 탄탄하게!

**"수학은 생각하는 힘과
문제를 해결하는 힘을 길러줍니다."**

〈수학도둑〉은 초등~중등 수학 교과를 연계한 학습 만화로, 영역별, 수준별 수학의 개념을 만화로 풀고, 수학교실과 워크북 등의 학습 자료를 구성하여 아이들의 학습을 도와줍니다.

**콘텐츠·감수 여운방**
서울대학교 응용수학과 졸업.
미국 아이오와 주립대학 대학원 박사.

**"수학 학습의 기본은 용어를
정확히 이해하는 것입니다."**

〈수학도둑 수학용어사전〉은 초등 수학 교과서 속 용어를 선별하여 흥미진진한 만화로 풀이한 신개념 학습 만화로, 아이들은 만화를 보면서 자연스럽게 수학을 터득할 수 있습니다.

**감수 이강숙**
서울교육대학교 수학교육과 졸업.
서울 탑동초등학교 교사.

| 수학도둑 | 기본편(1~30권) | 심화편(31~45권) | 창의편(46~60권) | 종합편(61~72권) |
| --- | --- | --- | --- | --- |
| 수학용어사전 | Level 1~4 | | Level 5~7 | Level 8~10 |